孩子爱看的

趣味科普

海洋的馈赠

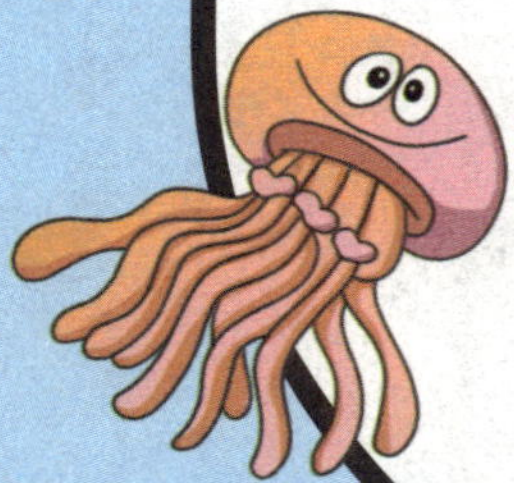

李　昂◎编著

航空工业出版社

北　京

内容提要

雷顿与艾米跟着博士到海边度假，巧遇了前来偷海的外星人卡罗。他们搭乘卡罗的太空船，考察了远古时期的海洋；在潜入海底之后，认识了资源丰富的大陆架、幽深黑暗的海沟、雄伟绵延的大洋中脊以及神秘的海底火山……本书通过有趣的漫画故事，让孩子们充分了解关于海洋形成、海洋地形与资源的知识。

图书在版编目（CIP）数据

海洋的馈赠 / 李昂编著 . -- 北京 ：航空工业出版社，2025.2. --（孩子爱看的趣味科普）. -- ISBN 978-7-5165-3995-8

I . P7-49

中国国家版本馆 CIP 数据核字第 2024ZS9368 号

孩子爱看的趣味科普
海洋的馈赠
Haizi Aikan de Quwei Kepu
Haiyang de Kuizeng

航空工业出版社出版发行
（北京市朝阳区京顺路 5 号曙光大厦 C 座四层　100028）

发行部电话：010-85672688　010-85672689　读者服务热线：010-85672635

唐山楠萍印务有限公司印刷　　全国各地新华书店经售

2025 年 2 月第 1 版　　2025 年 2 月第 1 次印刷

开本：710×1000　1/16　　字数：120 千字

印张：12　　定价：58.00 元

前言 PREFACE

亲爱的小朋友，欢迎踏上这场奇妙的海洋探索之旅！

你是否曾仰望星空，遐想那浩瀚无垠的海洋究竟源自何方？今天，就让我们跟随勇敢的小探险家雷顿和艾米，搭乘外星人卡罗的高科技太空船，穿越时空隧道，回到地球初生的那段时期，亲眼目睹海洋如何从混沌中诞生，逐渐演变为我们今天所见的蔚蓝世界。

海洋，这片充满神秘与力量的水域，不仅孕育了无数生命，更隐藏着自然界的无尽奥秘。当风暴来袭，海浪滔天，你是否能感受到那股来自远古的呼唤，以及大自然不可抗拒的力量？而海底火山喷发的壮观景象，更是将岩浆与海水巧妙融合，展现出大自然无与伦比的创造力。

在海洋的深处，一个复杂而壮观的世界正等待着我们去探索。那里有高高矗立的海底山脉，有深邃莫测的海沟，每一处都仿佛在诉说着海洋的古老故事。

在这片深邃的海洋中，还蕴藏着无数的宝藏。珍贵的矿石、独特的海洋生物，以及尚未被人类触及的未知资源，都静静地躺在海底，等待着勇敢的探险家去发现它们的秘密。

现在，就让我们扬帆起航，跟随雷顿和艾米的脚步，一起潜入这片神秘的蓝色领域，揭开海洋的神秘面纱，探寻那些关于海洋的未解之谜。相信在这次探险中，你不仅能收获知识，更能激发对大自然的敬畏与热爱。

目 录 CONTENTS

海洋是怎么出现的

惊心动魄的海水运动

复杂壮观的海底地貌

深海之下的无限可能

人物介绍

雷顿

12岁，小学生，百科小达人，聪明调皮，好奇、好问也好答，人送外号“牛小顿”。

艾米

12岁，雷顿同班同学，神算小仙女，多事精，经常跟雷顿抬杠，雷顿背后称她“学霸掉点渣”。

博士

自称00后（00后退休）万能博士，年龄保密，科普网红达人，网络江湖人称“有事问博士”，有问必有答，有答偶有失。

卡罗

外星人，来自安特龙星球，奉命来地球偷走海洋。

海洋是怎么出现的

海边偶遇外星客

这时，一位不速之客驾驶着飞船飞向了地球。
海洋，我来了！

这人怎么开着飞船来海边了？
你好！请问一下，这是什么呀？
那里什么都没有，就是大海啊。
这是大海？这就是海洋？
Yeah！我找到海洋了！原来我在太空看到地球上蓝色的部分就是海洋啊！
可能是脑袋进海水了，咱们快离开吧！
这个人怎么怪怪的啊？
哎，你们等等我！

请问，你们知道海是怎么造出来的吗？
呃，造海？
咳咳，这个我知道，只要拿些盐放进水里，就是……
雷顿……你要是这样捉弄人，我就去告诉博士了！
嗯……水里加盐。
好了，我就是开个玩笑。看你这副模样，难道是外星人吗？
嘿嘿，没错，我是从安特龙星球来的！
啊？真是外星人啊，怪不得不认识海。

他为海洋而来

我来地球，是想学会制造海洋的方法。请你们告诉我吧！
这个……我还真不知道！
我们去请教博士吧！
你们说的这位博士知道制造海洋的方法吗？那可太好了！
你也别高兴得那么早！
我怎么看着这个外星人有点可疑呢？

博士，博士——我们有问题请教您！
哟呵，你们带了新朋友来啊！有什么问题，说吧。
我想请教您，如何制造海洋……
哈哈哈！那恐怕是人类科技实现不了的目标。
卡罗，你牛啊，连博士都被你问倒了！
可是……

海洋的形成

不过，我知道海洋是怎么形成的。
那也可以，请您快告诉我吧！
大约在46亿年前，太阳星云中分离出一些大大小小的星云团，它们不停地旋转、碰撞……
这些星云团逐渐凝聚，形成了原始的地球和太阳系中其他的行星、卫星等天体。
刚形成的地球上，有无数火山在爆发。火山迸发出来的岩浆冷却后，让地表变得凹凸不平，坑坑洼洼。

那个时候地球上应该还没有水吧？
那海水又是怎么来的呢？
肯定是从天上掉下来的呗！
还真被雷顿给蒙对了。
地球形成之初，火山爆发产生的水汽和原始的大气混在一起，包裹在地球的外面，形成了原始的大气层。
博士，您跑题了吧，大气层跟海有什么关系呀？

当然有关系。随着地壳的不断冷却，大气中水蒸气凝成水滴，变成雨降落下来，就形成了海。
不如，大家乘我的太空船去看看原始海洋吧！
我的太空船能够穿越时空。稍等，我把它叫来。博士，请您接着讲。
这算是……穿越？听起来很了不起呀！

形成海洋的这场雨，是地球上的第一场雨。它伴随着雷电狂风，一直下了几百万年。滔滔的洪水填满了地球表面的洼地，地下也不断冒出温泉一样的热水，它们汇聚成了一片巨大的海洋，形成了地球的水圈。

神奇的外星飞船

原始海洋中的盐分很低，有机物却很丰富……
我要把这些资料一字不落地记录下来带回安特龙星球。
半个小时之后……
奇怪，我的飞船怎么还没到？
是不是刚来地球不熟悉路，迷路了？
气死我了！我要惩罚这不听话的飞船！

你还是个急性子！嘿！不如我们先认识一下，交个朋友吧。
好呀！
他叫雷顿，我叫艾米，至于博士，你已经认识了。
嗯嗯，雷顿、艾米、博士……
你叫什么名字？
我叫卡卡米拉塞隆·罗伊斯米赛亚琴切切夫其亚科，你们叫我卡罗就行。
这发音也是够怪的！
你怎么一个人来地球了？

我是来偷……不，是来研究海洋的。
我刚刚好像听到他说“偷”？
就觉得这家伙有点可疑。
嘘……差点说漏嘴了！
那啥，哈哈，咱们继续，继续。
砰
来了！这就是我的飞船啦！
它把博士家的墙给撞破了！
这出场，够震撼！

我倒要看看你玩儿什么花招。
这飞船样子怪怪的。
卡罗，你这飞船不看路吗？把我的房子都撞坏了！
呃……对不起。
它可能还不太适应地球的环境。您别生气，我让它给您道歉。
对不起！
妈呀！它！它居然会说话！

这下您不再生气了吧？
哼！本来我也不会和一艘飞船一般见识！
来，大家请上船！
这是选择时间的按键……
那咱们就去38亿年前的地球吧，那时候正是海洋形成的初期。
OK，请大家坐好了，出发！
嗯，好晕……

古太古代的海水是酸的

你知道吗

太古宙时代，大约在38亿年前~25亿年前，具体又分为始太古代、古太古代、中太古代、新太古代四个时期；太古宙时代地球上出现了原核生物：细菌和蓝藻。

这就是海洋最初形成时的样子？
不知道这时海水的味道怎样？
酸的？
呸！好酸呀！
没错！因为古太古代时期海水里含有大量的盐酸，温度很高，你们千万别触摸！

盐酸海

科学家认为，地球形成之初，从地球内部喷出的岩浆中含有大量氯气，溶于水后形成了盐酸，进入海洋后就产生了酸性海水。

海水又不酸了

几分钟后，博士他们来到了新太古代……
咦，这里的海水不酸了？
那是因为已经过去了几亿年，岩石中的钙、钠等元素溶进水里，中和了酸性的海水，海水就不酸了。

另外，地球内部的水分不断蒸发，变成了水蒸气……
水蒸气上升到大气层遇到冷空气，变成雨水又落回到地面和海面。
而地面的雨水有一部分沿着河流流到大海，海水因此也不断增加。
嗯嗯，海水增加……
原先酸性的海水也被稀释了。
哦，原来是这样啊。

卡罗的秘密任务

咱们先找找他！
卡罗的太空船！
抱歉，我做不到，请收回让我偷海的命令。
你们俩嘀嘀咕咕说啥呢？
我就感觉他来地球的目的不简单！怎么办，要不要报警呀？
报什么警？这会儿的地球上哪有警察啊！

没事儿，海洋那么大，谅他也偷不走。
嘿嘿，那倒也是！
博士！请再讲点关于海洋的知识吧！
哼！装得像没事儿人一样！
我有点累了，咱们回到太空船上再说吧。
没问题！
这些地球人是不是已经怀疑我了？

地球上的原始蛋汤

博士，刚才咱们讲到哪里了？
博士，地球上的生命是什么时候出现的呀？
我想想……大约是38亿年前吧，最早的细胞形式的生命已出现。
喂，你把时间定在38亿年前！咱们去看看！快点，听到没有？
你说话真没礼貌。

轰隆——
咔嚓——
不好意思，搞错了，来早了！
博士，外面又打雷又闪电的，好吓人！
长这么大我都没见过这么大的雨！
地球生命出现前的大气中充满了甲烷、氢、氨和氮分子。

火山活动和雷电等使甲烷、氢、氨和氮分子等物质剧烈地分解和化合。

最后生成了氨基酸、核糖等有机化合物。

氨基酸溶解在海水中，之后又生成了原始的蛋白质分子和核酸分子。
这么说，现在外面海水里充满了蛋白质喽？
哈哈，这么一大“锅”蛋汤啊，一定美味可口。
那等雨停了，麻烦你去品尝一下这“锅”蛋汤。
哼，我又不傻！不过，我倒是想去看看！
检测器显示这海水里有好多蛋白质！

多分子体系

蛋白质在原始海洋里的浓度越来越高，又经过蒸发、团聚、冰冻等作用使它们浓缩，最后形成了多分子体系。
这么多蛋白质，会不会从海水里再“冒出”一个鸡蛋或者一只母鸡？
生命的化学进化过程是：
无机小分子→有机小分子物质→生物大分子→多分子体系→原始细胞

哈哈，还没到它们出现的时候呢！多分子体系有一层膜，能够让它和海水隔开，并通过这层膜控制与周围环境发生物质交换。
它们不需要氧气，有点像细菌。这就是地球上最初的生命。
多分子体系形成不久之后，它们已经可以进行呼吸作用和光合作用。

原始生物的出现

后来，多分子体系逐渐演化成了原始细胞。
它们没有爸爸妈妈吗？
没有。它们的繁殖方式比较特殊。
原始细胞没有真正的核，属于原核细胞。又经过20亿年左右，才出现了真正有核的真核细胞。现在地球上的生物除细菌和低等蓝藻等原核生物外，都是由真核细胞组成的。

这些可真复杂！我都听糊涂了。
地球刚形成的时候什么都没有，所有物种都是慢慢从细胞进化而来的，当然没那么简单了！
如果像鸡蛋孵小鸡那样就简单了！
不过，我有办法。
你有什么办法？
买只母鸡生蛋嘛！

博士，您怎么了？
真是一本正经地胡说八道！
为什么这么说？
因为在太古代也没有母鸡呀！
嘻嘻！不好意思，我忘了。
在太古代，只有最原始的生物，你们知道是什么吗？

我知道，是细菌。
想不到微小的细菌还有这么“悠久”的历史。
不错！
科学家考察发现，最早的生命是出现在海洋里的一种蓝绿色细菌，也叫蓝藻。它们大约出现于35亿年前。
据我了解的资料，你们地球远古的生物不是猛犸象或者恐龙吗？
恐龙时代要比太古代晚得多，猛犸象的时代就更晚了。

光是单细胞生物聚合成复杂的多细胞生物，就用了大约 10 亿年时间。
10 亿年？占地球年龄的五分之一多了。
当时大气中的氧气还不多，进化过程非常艰难。
多细胞生物在海洋中度过了漫长的近 30 亿年。经过持续不断地演化，直到约 6 亿年前，海绵、水母等较高等的生物才出现。

一方海水养一方氧气

博士，寒武纪生命大爆发，说明那时候氧气已经足够生物使用了，那么地球上的氧气是从海洋里产生的吗？
卡罗，咱们去20亿年前看看。
遵命！
20亿年前，虽然海洋里已经有了原始生物，但是陆地上还没有动物和植物。
看，那边海面上有好多泡泡。
这……这是怎么做到的，难道这里的海水是气泡水吗？

哈哈，那是海藻产出的氧气泡泡。
吓我一跳，还以为海底火山要喷发了呢！
大约在5亿年前，海洋里的藻类开始繁盛。它们在阳光下吸收二氧化碳，释放出大量氧气。
海洋中的氧气多了，生物就多了。海洋里逐渐出现了鱼类，之后一些海洋生物爬到陆地上生活，从而演化成两栖动物。
卡罗，现在请你带我们去4亿年前。
好的！

大气中氧气含量的变化

在太古宙时期（距今40亿—25亿年），地球上原始生命刚刚出现，大气中的氧气含量非常少；直到元古宙时期（距今6亿年到25亿年之间，分为古元古代、中元古代、新元古代），氧气浓度才增加到让地球生命足以丰富发展的水平。

科学家通过分析海底原始沉积物中碳和硫的同位素记录，计算出过去几十亿年内大气中的氧含量变化范围：

大气中氧气含量的变化

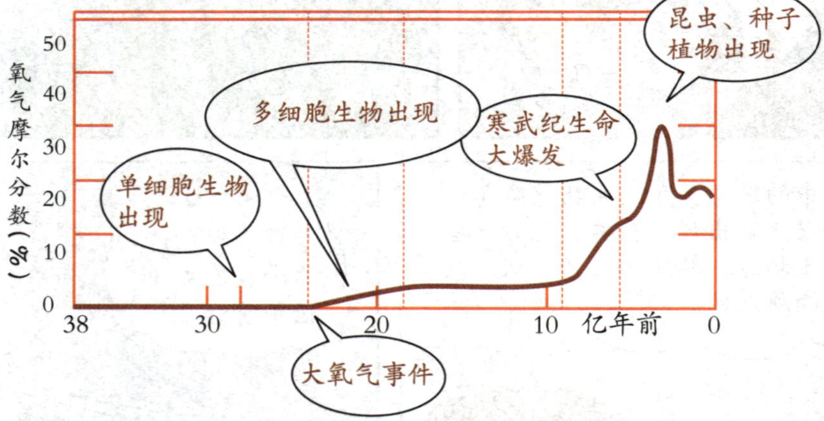

从24.5亿年前开始，地球大气中的氧气浓度从0.02%开始逐渐上升，有氧生物开始逐渐活跃起来，被称为“大氧气事件”。

到了大约5.4亿年前的寒武纪，大气中的含氧量迅速增加，地球上出现了各种各样的动物，被称为“寒武纪生命大爆发”。

大约在3亿年前的石炭纪末，地球大气的含氧量达到了巅峰35%。此时，陆地面积增加，陆生生物空前发展。

距今2.5亿年前的二叠纪末期，地壳运动比较活跃，大气中的含氧量开始下降，又逐渐回到了20%左右。

新生代里的新生命

哇哦！这些树也太高了吧！
终于不用戴氧气面罩了！空气好清新，太舒服了！
好多亲戚都跑到陆地上生活了！我是继续留下还是也去陆地上看看呢？

感谢海洋，给我们的地球孕育出这么多神奇的生物！
距今3亿多年前，裸子植物大量繁殖生长，种子植物开始出现。不久之后，地球上最大的动物恐龙出现了。
好啊，正好带一只小恐龙回去。
你这不光是要偷海，还要偷恐龙啊！太贪心了吧！
呃……
好了，时间不早了，我们回去吧。
那就还回到刚才的那个海滩吧。

海里的盐是谁放进去的

啊，呸！这里的海水怎么这么咸啊……
哈哈哈！原来你不会游泳啊！
海水本来就是咸的呀！这你都不知道？
我尝过的海水有酸的，也有不酸的，还没有喝过咸的海水。
现代的海水，肯定和远古时代的海水不同啊。
可恶！这海水里的盐是谁加进去的？

谁干的？这可难倒我了……
呵呵，还是让我来告诉你们吧。
盐
你们都知道，盐的主要成分是氯化钠，它是由钠和氯两种元素结合而来的。

地球形成初期，火山频繁爆发，火山爆发喷出的气体中含有水蒸气、氢气和氯气等。
难道是火山把地球里面的盐撒到海洋里了？

地球上下雨时，空气中的氯气被溶解到水里，生成了盐酸。盐酸和岩石中的钠分子、钾分子结合后，生成了氯化钠和氯化钾，又叫钠盐、钾盐。
科学课上讲过，氯化钠易溶解于水，所以海水就变咸了。
氯化钾也易溶于水，所以海水里也有氯化钾的成分。
还有一部分是陆地上岩石中存在的盐分，被河流和雨水冲刷到海洋里。
氯化钠
氯化钾

海洋影像馆

海水能直接喝吗

假如你在大海中航行，淡水喝光了，周围全是海水，你要不要喝呢？

答案是，不可以！

即使是最干净的海水，直接饮用的话，不仅不能解渴，还会让你越来越渴，最终导致身体脱水。

海水中含盐量很高，平均浓度达 3.5%，味道又咸又苦，喝下去齁（hōu）嗓子！

我们人类每天饮用的水，大部分会通过肾脏排出体外。肾脏排泄盐水的浓度不能超过 2%，否则就会引发肾衰竭。人喝了海水后，体内的细胞不但得不到海水中的水分子，还会被海水抢走水分子。这个时候，除非大量饮用淡水进行补救，否则人的细胞就会迅速脱水。喝得越多，脱水越快，甚至会有生命危险。

很多大海中迷航的人，就是因为直接饮用海水导致脱水而遇难的。

惊心动魄的海水运动

挂在“蜘蛛网”上的鱼

嘿！你们来啦！
欢迎光临我的飞船。
你应该说“欢迎再次光临”你的飞船。
卡罗，今天咱们去海上看看吧。
太好了！我正想近距离看看海的样子呢！
那你今天要好好开飞船，可别吓我们了！

你们看！前面有个大蜘蛛网上挂满了鱼！
怎么可能！没听说过有吃鱼的蜘蛛啊！
你们来看嘛！
奇怪，飞近点看看！
还真是，咱们这是遇到什么怪物了吗？

咻——
啊！原来是张渔网。卡罗，你什么眼神儿！
等等，我爬上去看看！
这些难道是飞鱼吗？

我觉得不是飞鱼，它们没有长长的胸鳍。
会不会是那种可以一跳三尺高的鱼？
你们别瞎猜了，去问问附近的渔民就知道了。
你好！请问那边挂的那张网是怎么回事？
哦，这是我们当地传统的捕鱼方式。
先把渔网在沙滩挂起来，一定要固定好。

涨潮的时候，渔网
会被潮水淹没。
等退潮了，我
们就可以过来
收鱼了。
我明白了，这种捕鱼方式利用的
是潮汐的涨落。

这样能捕到的都是小鱼小虾吧？
那你就错了！在加拿大的芬迪湾，当地渔民们利用潮汐涨落来捕鱼，每次收获都很丰盛，其中也有不少大鱼呢。

海里的“妖怪”

芬迪湾的潮汐落差通常都在十几米，最大的能达到二十多米。
潮汐居然有这么大的落差啊！想来比咱们国家的钱塘江大潮还要高。
嗯，芬迪湾的潮汐很出名，现在那里还建起了潮汐发电站。
你们说的潮汐是什么啊？

潮汐是海里的妖怪！它早晨把海水连同鱼虾都吞进肚子里，到了晚上再全部吐出来，那些被吞进去的鱼就被挂到渔网上啦！
哇，我想带一个“潮汐”回去！
卡罗，别记了，雷顿在逗你呢。
你又骗我！
嘻嘻……谁让你这么好骗！
潮汐主要是由地球、月球和太阳的相对位置不断变化，地球受到太阳和月球的引力的合力不断变化，以及地球的自转引起的。先看月球的作用……

我知道，月球和地球之间相互吸引，会产生引力。月球围绕地球做圆周运动。
同时，月球围绕地球公转产生离心力，使得月球远离地球。
各种力达到平衡，所以月球既不会跑开，也不会与地球相撞。
雷顿说得对！潮汐就是太阳引力和月球引力共同牵引着地球的海洋，拖动着海水起起伏伏。
哼，又开始嘚瑟了！

由于地球自转，向着月球的海面受月球引潮力吸引，可流动的水体随着这股力量隆起，产生涨潮。如果农历每月的初一和十五，地球、月球、太阳处于同一条直线上，太阳和月球的引潮力合起来，会加剧海水上涨，形成大潮。
那落潮又是怎么回事呢？
地球是不停转动的，涨潮的海面转到不对着月球的一边，受到的作用力变小，海水就低下去了。
太阳那么大，为什么影响不了潮汐？
太阳对潮汐也有影响，且和月球影响的原理相似，但太阳离地球较远，作用到海面的力较小，还不到月球引力的一半。

开了“美颜”的赤潮

咦，博士，您看下面的海水怎么是红色的？
这是一种海洋生态现象，叫“赤潮”。
赤潮是由海水中的浮游生物迅速增加造成的。
我游个泳的工夫，海面怎么都变红了？

赤潮有深红色、黄色、褐色等，不同的颜色主要取决于海水中浮游生物或者细菌等的特性。比如一旦海面上聚集了大量的夜光藻，就会形成发出荧光的赤潮。

赤潮虽然看似美丽，但一旦形成，就会造成大批的鱼虾死亡。

赤潮发生时，海中的浮游植物、原生动物或细菌爆发性增殖，海水就会变色，同时伴有异臭味。

然后，这些浮游植物、动物和细菌会堵塞鱼鳃，妨碍鱼类呼吸，导致它们窒息而亡。死去鱼类的尸体分解时会消耗大量氧气，放出毒素，因此危害极大。
如果人类或者动物误食了被赤潮污染的海产品，就会产生中毒现象，严重时有生命危险。
目前世界各地除南、北极外，都出现过赤潮。2021年9月，日本北海道的太平洋沿岸海域发生大规模赤潮，导致了附近将近2万条鲑鱼和1500吨海胆死亡。
快离开这里吧，我都被熏得受不了了。
等等，这个味道很奇特，我再闻一会儿！

太空船罢工了

真受不了卡罗，居然喜欢闻臭味。
我就是好奇嘛！
好了，别闹了，带你们去吃大餐。
看！那边有个饭店。咱们就去那儿吃饭吧！
嗝！吃饱的感觉真好啊！
想不到地球的食物这么美味，太好吃了。
卡罗，待会儿带我们去海边散散步吧！

才不是，我们安特龙星球也有很多美食的！
又开始了……
想你们外星人也没吃过什么好吃的！
你们俩别吵了，真是让人头疼。
哼，小气鬼，玩笑都开不起！
气死我了！

哼，看来
我得……
卡罗，
小心！
扑腾——
啊——
完了！玩
儿大了！
卡罗，你是
故意的吧？
卡罗，你不能拿
大家的安全来开
玩笑啊！
不不……本来
我是想吓唬一
下雷顿，没想
到飞船真的出
了故障。

藏在海洋里的“河流”

飞船不会沉下去吧？！
别担心，我往海里撒点儿盐，飞船就不会沉了。
都这个时候了，你还有心开玩笑！
欸？飞船自己在动呢。
可我还没修好呢！

真的在动……速度还不慢，到底怎么回事？
飞船应该是在随着洋流在动。
洋流？这又是什么？
别问了！快修你的飞船吧！
我们会漂到哪里去呢？

我们现在正往北边漂，一直漂下去说不定会漂到阿拉斯加。
那也不错，正好咱们去那儿看看！
呃！他怎么就不知道着急呢！
阿拉斯加靠近北极，那里有北极熊，还有棕熊，很凶的。
没事，它们打不过我的。
愁死我了，他怎么也不知道害怕！

卡罗，快抓紧修理飞船吧。
别担心！这比起我之前在银河系遇到的故障，简直是小菜一碟。
呀……飞船在下沉！
嘿嘿，你们等我的好消息吧。

让我来查查问题到底在哪儿……
修好了！博士，您再接着讲吧。
这么快？
我办事，您就放心吧！
那好，咱们接着说。洋流是海水运动的形式之一。
博士，海水为什么会流动？难道像河流一样有发源地？

海洋影像馆

洋流的发现

洋流是海水沿着一定方向有规律地且速度相对稳定地水平流动。很多洋流被发现的背后都有一段有趣的故事。

墨西哥湾暖流是一支流经佛罗里达半岛的著名洋流，这支暖流据说是西班牙著名的探险家胡安·庞德·列昂发现的。

1513年，胡安·庞德·列昂为寻找传说中的不老泉，指挥三只船从今天的圣·胡安出发。白天，水手们把船划出去很远；没想到晚上休息时却被佛罗里达洋流送了回去。

虽然当时并没有理论解释这一现象，但是人们也从此发现了此处的洋流和佛罗里达这个地方。

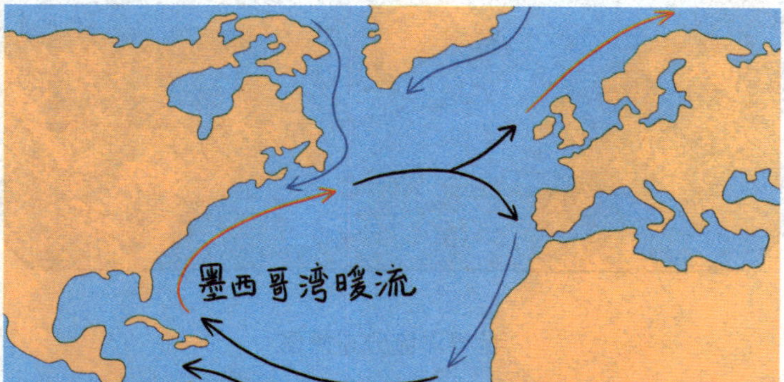

海洋影像馆

人们把洋流分为寒流和暖流。暖流是从低纬度流向高纬度的洋流，暖流的水温比它所到区域的水温高；寒流正好跟暖流相反。暖流可以使沿岸增加湿度并提高温度，寒流则带来寒冷低温。

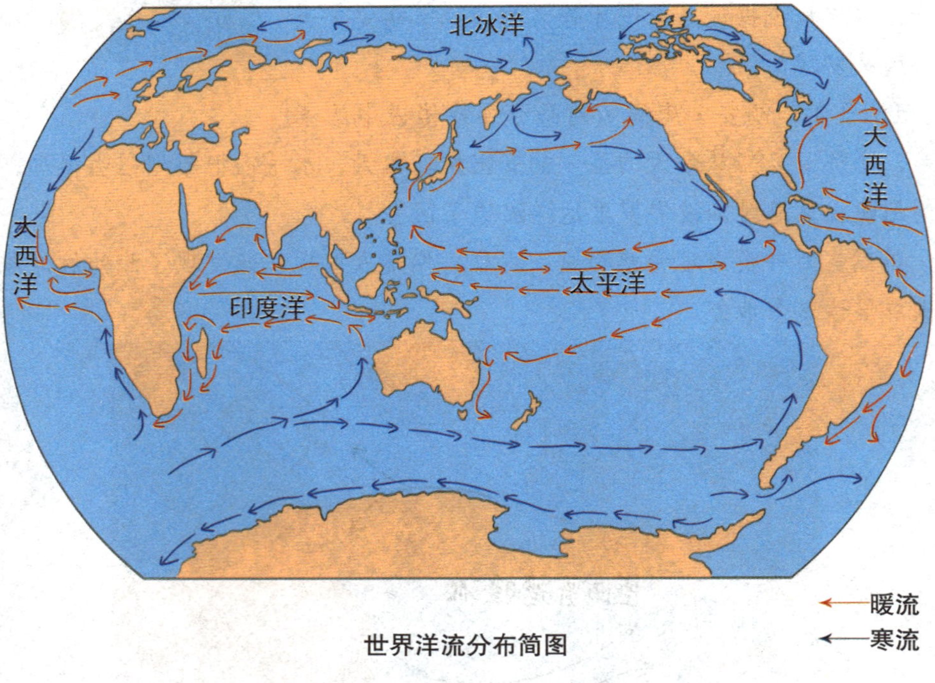

世界洋流分布简图

艾米的难题

海洋里的水像陆地上的河流一样，沿着相对固定的路线流动，这就是洋流。
洋流形成的原因，大致可分为三种：风海流、密度流和补偿流。
全球大部分洋流都是风海流，在盛行风吹动下，海水向一定方向流动。
北半球的洋流大多是顺时针方向。

顺时针是什么样的针？
哈哈，“顺石针”就是顺着石头纹路方向做的针。
雷顿，你又在胡说八道！

南半球的洋流大都是逆时针的。
北半球
南半球

还有逆时针？
你看，按时钟旋转的方向就是“顺时针”。
可是，我们安特龙的时钟都是这样的啊！
20:58:43
天啊，怎么能给他解释清楚顺时针和逆时针呢？

根据流动海水的温度，洋流还可以分为……
寒流和暖流。
不错！暖流和寒流流动方向相反，它们会给经过的地方带来不同的气候。
我喜欢暖流，不喜欢寒流。
暖流和寒流都是循环流动的，你喜欢或者不喜欢它们都会出现！
没错！
艾米知道得真多呀！
哼！这些我也知道，只是没说出来而已……

洋流界的大哥

呀，海面起雾了。
博士，海上还会起雾吗？
我们这是遇上黑潮了，它是西太平洋最大的暖流。
我知道，我国北方的港口大连和秦皇岛就受黑潮影响，加上所处纬度低，三面环海，冬天海面都不会结冰。

你们知道，世界上最大的暖流是什么吗？
我记得是墨西哥湾暖流。
墨西哥湾暖流
没错。墨西哥湾暖流的表层宽度介于100 ~ 150 千米之间，厚度 700 ~ 800 米。
那最大的寒流呢？
是南半球的西风漂流。
南半球的西风漂流环绕南极洲。

世界著名的洋流

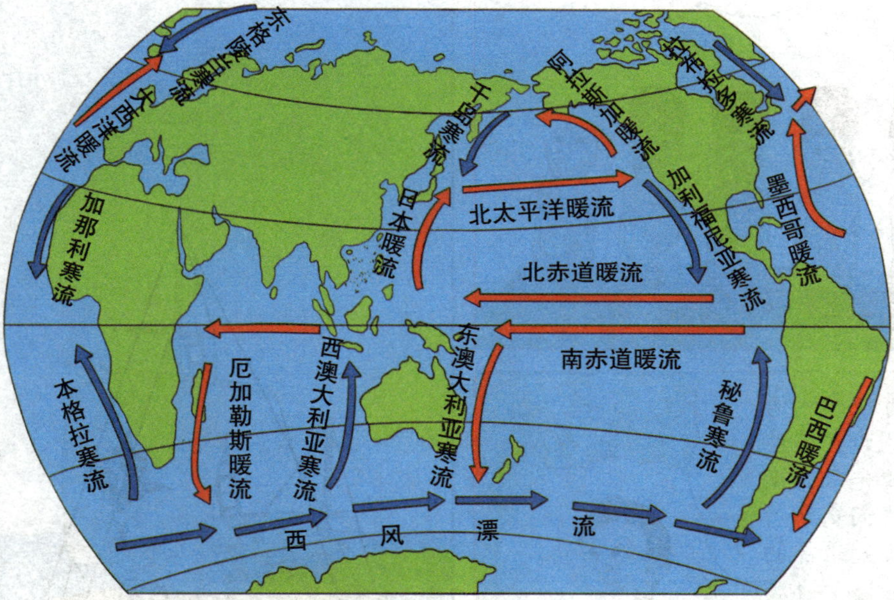
东格陵兰寒流
大西洋暖流
加那利寒流
千岛寒流
日本暖流
北太平洋暖流
阿拉斯加暖流
拉布拉多寒流
加利福尼亚寒流
墨西哥暖流
北赤道暖流
南赤道暖流
本格拉寒流
厄加勒斯暖流
西澳大利亚寒流
东澳大利亚寒流
秘鲁寒流
巴西暖流
西
风
漂
流

海洋里的“神秘通道”

在广袤的太平洋南部，散布着无数的小岛群。这些小岛上的土著居民来自哪里呢？
挪威学者托尔·海尔达尔认为，这些居民的祖先来自南美洲，他们是靠着洋流横渡太平洋的。
托尔·海尔达尔
为了证实自己的论点，他按古代造船技术仿造了康提基号竹筏。
康提基号

1947 年，康提基号从秘鲁出发，顺着洋流，三个半月内航行 8000 千米，到达了南太平洋的土阿莫土群岛。
N
W
E
S
太平洋
秘鲁
土阿莫土群岛

后来，海尔达尔和他的团队还验证了利用洋流从非洲到达美洲、横穿印度洋到达非洲东海岸。

海尔达尔的这次行动验证了古人是能够利用洋流横渡大洋进行迁徙的。
说不定我国的古人也这样横渡太平洋到过美洲呢。

洋流背后的帮手

你们知道吗？洋流的形成与太阳也有密切的关系。
洋流的形成和潮汐根本不是一回事。
我知道，肯定跟潮汐的原理一样。
啧啧，自信满满地给出了错误答案！
还是我来讲吧。海水在阳光下被晒热。

不同地区，海水得到的热量不同。冷热水进行热量交换，就会引起海水流动。
热量少
热量多
热量少

好热！
我不怕冷！
于是，形成了对流现象。加上地球的自转，就形成了全球性的大气环流。

除了太阳，风也是形成洋流的重要媒介。大气环流在近地面形成了气压带和风带。地球上有六大风带：（南北）信风带、（南北）西风带、（南北）极地东风带。一个地区一个时间段会有频繁出现的风，这种风长期吹拂，就形成了风海流。

另外，还存在由于连续的海水运动产生的补偿流，以及由于海水密度差异产生的密度流。

听得我脑瓜仁儿疼！看来这“偷海”的任务还挺艰巨的。

奇特的“马尾藻海”

这里是大西洋，这附近有个地方很特别。
哗——
这里是马尾藻海，那些是马尾藻。这里的水面比大西洋平均水面高1.2米。
这是什么植物，海藻吗？
马尾藻海

马尾藻海在美洲东部，恐怖的百慕大三角洲就在附近。北大西洋的洋流始终按照顺时针旋转，在这里形成了一个大圆圈。

在这个大圆圈中间，海水流动十分缓慢。

这片海域海面上长满了马尾藻，蔓延了大约 450 万平方千米的海面。
在帆船时代，没有动力的船只进入马尾藻海，常被马尾藻缠住无法脱身。
哎呀，船被缠住了。
这海水可真清啊……奇怪，怎么看不到鱼？
这片海被 18 世纪航海家称为“海上坟地”。当年哥伦布被困在这里近一个月，差点没命。

巨浪的偷袭

这里太吓人了，咱们赶紧离开吧！
好！等等，我怎么感觉到海水在晃动？

哎呀——太晃了！我快站不住了！
不是说马尾藻海风平浪静吗？怎么会有这么大的海浪！

估计是附近海底火山爆发引起的海底地震。
这么大的浪，太空船会不会翻啊，我好害怕！
别担心，我的飞船最稳当了！天哪，这是什么？
这……这巨浪比山还高！

救命啊！我没遇到过这种情况啊！
卡罗，稳住！

呼——总算闯过来了！
风小了。

卡罗的疑问

好啦，孩子们，咱们该返程回家了。
好嘞！这次我保证把你们快速、安全地送回去。位置已锁定，启动自动驾驶模式。
艾米，你们这一路上一会儿说海，一会儿说洋，有时候又说海洋，它们之间有什么区别？
哈哈，你这是怕偷错了，只偷个“洋”回去吧？

告诉你也没关系！你听好了，海就是大海，洋就是海洋。
雷顿，你又在误导卡罗！
哼！你这样会没朋友的！
哈哈，你们别逗卡罗了，我来告诉他吧。
海洋是地球上被各个陆地分隔但是又彼此连通的水域的总称。

科学家们一般把海洋的中心部分叫作“洋”，边缘部分叫作“海”。
地球上有五个大洋，即太平洋、大西洋、印度洋、北冰洋和南大洋。大洋深度多在2000米以上，最深处达10000多米。因为离陆地较远，水温与盐度变化不大。另外，每个大洋都有自己独立的洋流和潮汐系统。
北冰洋
大西洋
太平洋
南大洋
印度洋
我们今天已经到过太平洋和大西洋。
那地球上有多少个海呢？
嗯……已经命名的海有60多个，还有些待确认和待命名的。

卡罗，你在这里等我一会儿，我要给你一个“特殊”的礼物。
雷顿也太客气了，还要送我礼物。
给你，卡罗。送你一只“洋”，这样你不就不用去偷海了！
哈哈哈！
啊——你又骗我——
雷顿，你给我站住——

复杂壮观的海底地貌

完不成的任务

早上好，博士。今天咱们去海底看看行吗？
你这家伙，偷东西之前调查得还挺仔细。我都送你一只羊了，还不死心！
怎么回事？什么叫“送了一只羊”？
雷顿之前送了一只羊给卡罗，让他不要去偷海了。

哈哈，雷顿，你也太调皮了。
卡罗，你接到的是一个不可能完成的任务。
唉……既然您也这么说，我就带一点点样品回去好啦。
为了让你对海洋有更深入的认识，今天咱们去海底看看。
谢谢博士。
看海底火山可是我的梦想，今天终于要圆梦啦！
你的梦想可真是太多了。

海漂还是陆漂

先让你们看看，这是地球陆地和海洋的形态。
陆地像浮在海里的鸡蛋。
可是我们平时看到的海边不是这样的。
能看到的是靠近陆地的大陆架。
海底的大洋地壳是由玄武岩组成的，陆地地壳主要由花岗岩组成。海洋地壳密度较大，所以无法像大陆地壳般在地幔之上浮得那么高。
海
陆地
海底
花岗岩
玄武岩
地幔
所以，海洋地壳和大陆地壳都是浮在地幔软流层上，可以移动的吗？

那叫“大陆漂移说”。
对对对，科学课上讲过，大陆漂浮学说，就是这样漂来漂去的。
啊，谁踩急刹车了！
哈哈，是你自己左脚踩到右脚啦！
都别闹了，听我说。海底地壳的厚度为 5 千米到 10 千米不等，表面凹凸不平。
海底沉积物
海底
地幔

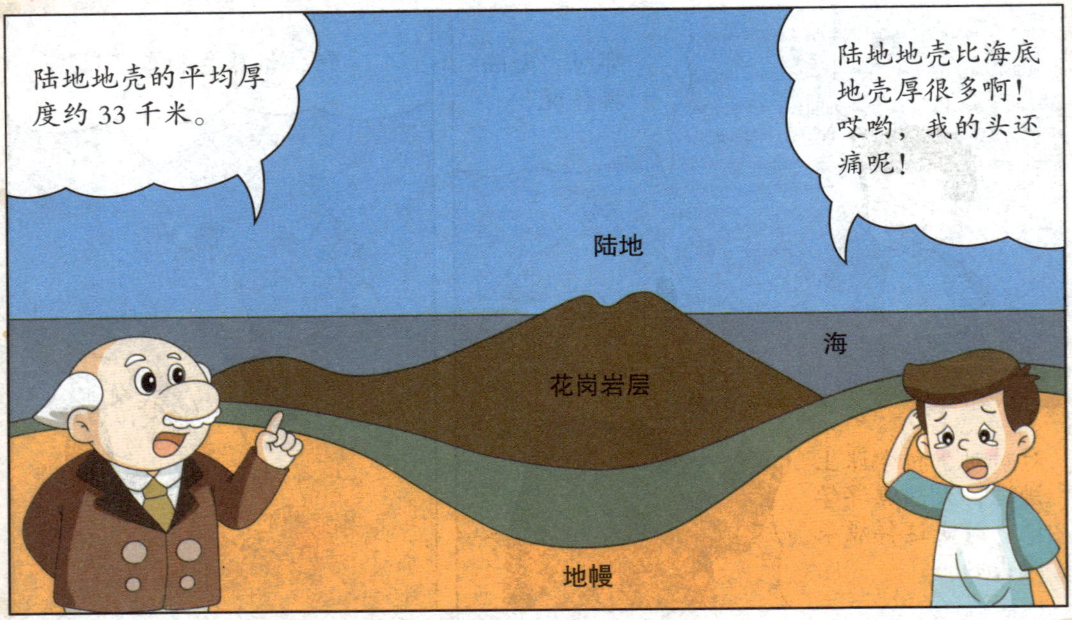
陆地地壳的平均厚度约33千米。
陆地地壳比海底地壳厚很多啊！哎哟，我的头还痛呢！
陆地
海
花岗岩层
地幔

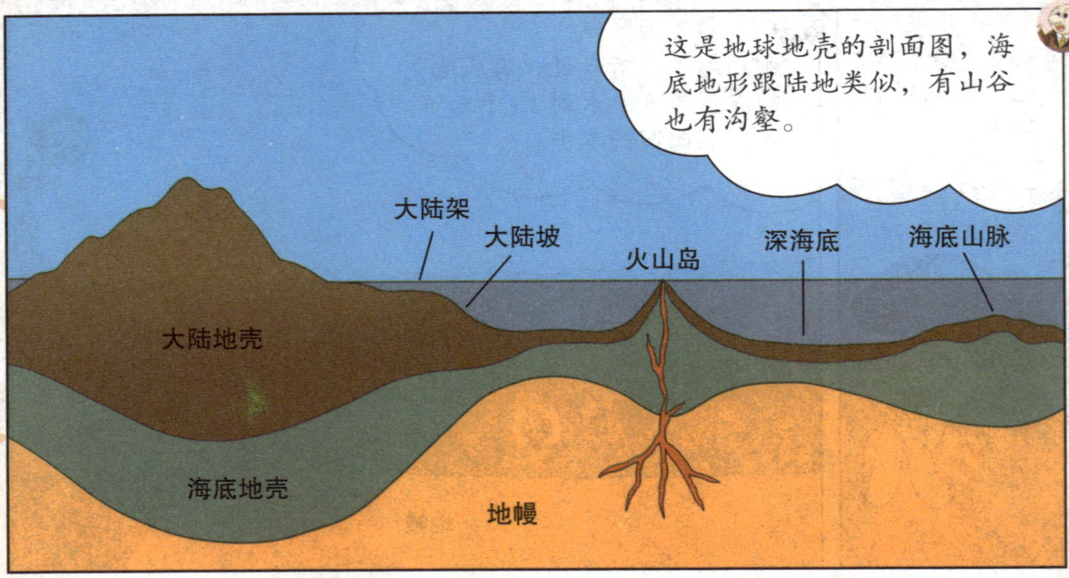
这是地球地壳的剖面图，海底地形跟陆地类似，有山谷也有沟壑。
大陆架
大陆坡
火山岛
深海底
海底山脉
大陆地壳
海底地壳
地幔

陆地变成的海

沿海平原
海岸线
大陆架
大陆坡
海底峡谷
在海底的地形中，离我们最近的是大陆架，它是陆地向海洋的自然延伸。
大陆架没有多深啊。
沿海的平原被海水淹没，就成为浅海大陆架。
大陆边
陆地
大陆架
大陆坡
大陆基
深海平原
海平面
深度 200~1500 米
深度 1500~4000 米
深度 4000~5000 米
海底
你们看这张大陆架示意图，从大陆架到深海，海水的深度逐渐加深。

哎呀，我等不
及了。
卡罗，你去
哪里？
我去把飞船
开过来。
博士，雷顿
也跑了！
呃！那咱们
也快走吧！
出发喽！
咻——

呐……这一带就是大陆架。
这里以前的陆地是怎么被淹没的？
在冰河时期，海水大量结冰，海平面下降，大陆架区域陆地裸露出来。
后来，地球气候变暖，冰川融化，海平面上升，裸露出来的陆地被淹没，变成了浅海。
啊！冰都化了，好可怕！

海底大陆架的深度一般都不超过200米。
大陆架
大陆坡
海沟
这也太厉害了，平时肯定看了很多书！
欸？你这是出发之前偷偷做准备了吧？
哈哈哈，牛小顿，你可得加油喽！我这里有一些关于大陆架的资料，咱们一起来看看吧！

海洋
影像馆

资源丰富的大陆架

地球上的河流几乎都会流入大海，入海口都在大陆架上。河流带来了大量的泥沙，也带来了丰富的有机物。

泥沙沉积在大陆架边缘，让陆地不断地“长大”；有机物则吸引了海洋三分之二的动植物，给它们提供充足的营养，也让这片海域热闹非凡。

大陆架还蕴藏着丰富的矿藏和海洋资源，比如石油、天然气、铜矿、铁矿等。

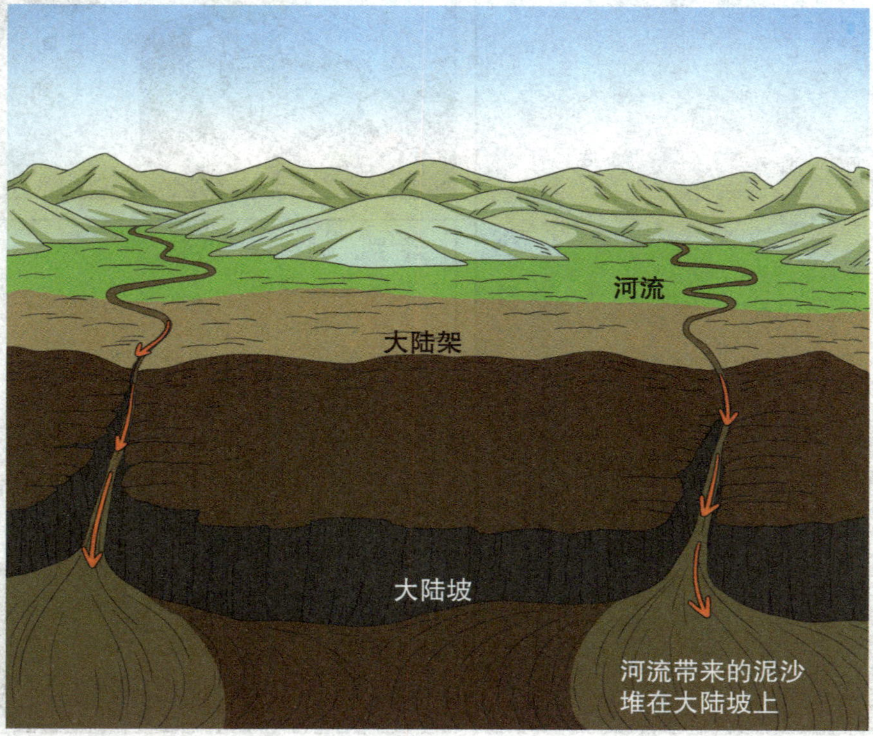

声波测深度

海水从这里开始变深了。有多深呢……我来测量一下。
咦？怎么回事？
按键失灵了？
卡罗，测试海水深度应该用声波，你是不是按错了？

哎呀……是啊，好糗！
唉，比我还马虎，我看你应该叫马大哈罗才对。
现在试试声波测深。
咦？数据怎么忽高忽低的。
那是因为海底凹凸不平，飞船一直前行，所以深度数字不同。
你的飞船能潜水吗？我们到海底去看看吧。
这个我还真没试过。
啊，那不会漏水吧？

海里的无形重压

黑咕隆咚的，什么也看不见了。
博士，不会有危险吧？
啊，我想起来了，传说海里有个叫波塞冬的海神，一脸大胡子，手里拿着一把三叉戟……

然后呢？
咯吱咯吱！
卡罗，有点不对劲！
糟糕，太空船怎么变形了？
这里的水压太大了！
咱们先上去，我给飞船加装耐压设备。

险降大陆坡

好了，加压设备安装完毕，咱们继续下潜。
呼呼——
喂喂喂，下降得太快了，我的小心脏受不了啦！
咳咳……刚刚咱们经过的是大陆坡。
哼，这个外星人小孩，坏得很！
大陆坡的坡度很大吗？
没错，从几度到二十几度都有。太平洋大陆坡的平均坡度为 5 度左右，上下落差有 2000 多米。

大陆坡？难道这里以前也是大陆吗？
大陆坡是连接海洋和陆地的桥梁，它虽然分布在 200 米到 2000 米深的海底，但仍然属于大陆地壳。
原来，咱们还没到真正的海底呢？
嘿嘿，海洋足够大，才能让卡罗死了偷海的心啊！
别着急，咱们慢慢来！大陆坡可是地球上最绵长、最壮观的斜坡，在陆地上是看不到的！

巨大的水下峡谷

大陆坡的表面分布着许多巨大、深邃的海底峡谷。这些峡谷蜿蜒曲折，还有支谷汊道，有的从浅海处的大陆架或大陆坡上部一直延伸到大陆坡底，在峡谷的出口处形成一个扇形地。
这些海底峡谷是怎么来的呢？
科学家们正在不断探讨它们形成的原因。有科学家认为，这些峡谷形成于第四纪冰川期。海浪在大陆架附近形成一股高密度的泥沙流，它们沿大陆坡顺坡而下，就形成了现在的海底峡谷。
也有科学家认为是河谷被淹埋在水下形成的。

这个V字形的凹谷，就是您说的海底峡谷吗？
没错。
下面看起来黑黢黢的，好吓人！
海底峡谷的宽度一般为几十到100千米，长度为几百到一千多千米，最深处可达4000米。有的海沟底部还有沉积的泥沙，有的则没有。

我们已经穿过大陆坡，前面那片有堆积物隆起的地方就是大陆隆。
大陆隆是海底大陆板块与大洋板块的过渡，与大陆架、大陆坡一起被科学家合称为大陆边缘，也就是大陆与大洋的边界地。

博士，您这一会儿讲了这么多新词，听得我都晕了！
来，一起看看这幅海底地形示意图，你们就明白了！
大陆坡
大陆架
大陆
大洋中脊
海底平原
海沟
海底火山

海底的荒漠之地

怎么又来一个海底大峡谷?
这里应该是陆地板块和大洋板块之间的海沟。
根据声波的探测结果看，海沟可比咱们刚刚看到的海底峡谷深多了。不如我们下去看看?
1068
啊? 别啊，我恐高——还怕黑——
呃，太丢脸了，以后别说你认识我!

呃，这就到底儿了？
啊？这里也是黑黢黢的，什么都没有。真没意思！
海沟的深度一般都超过 6000 米了。海底 6000 到 11000 米的地方，被科学家称作超深渊层。这里又黑又冷，水压还大，简直就是海底的沙漠。
海里还有沙漠？
不懂了吧？博士就是打个比方，说这里没啥生物。
唉，本来以为能见到那个叫波塞冬的海神呢……

板块大碰撞

有科学家认为，海洋地壳上有一个分裂带，叫作大洋中脊。从地幔冒出来的岩浆从这里喷出，与海水接触冷却后形成新的海洋地壳，并将旧的海洋地壳推向两边。当运动中的海洋地壳遇上陆地地壳，就会发生碰撞。

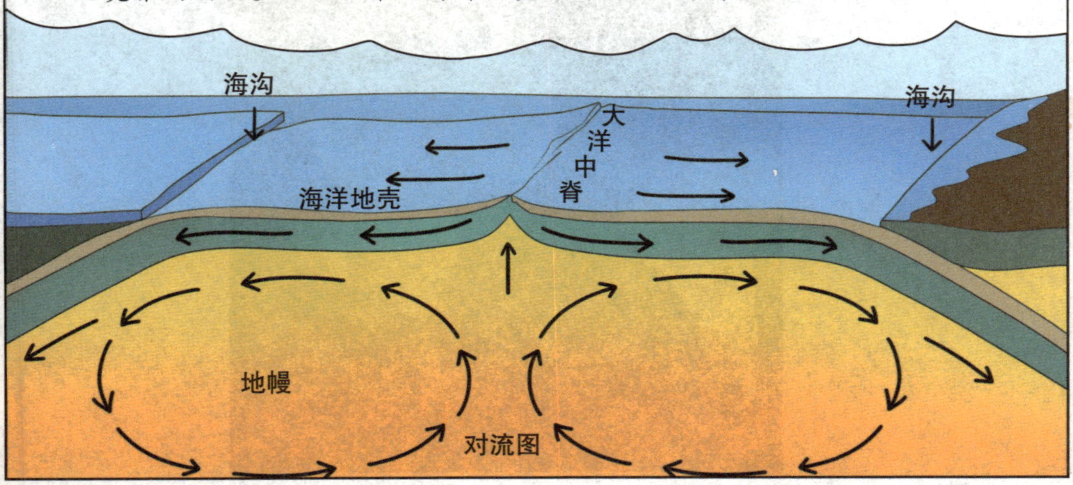

海洋
影像馆

大西洋中脊

1872年，英国皇家学会组织“挑战者号”考察船进入大西洋进行科学考察，其间发现了大西洋中脊。

这条巨型的大洋中脊，从北极圈附近的冰岛出发，经大西洋的中部，弯曲延伸到南极附近的布维岛。几乎从地球的最北端，一直延伸到地球的最南端。它整体呈“S”形，长1.5万多千米。

这条高大绵长的山脉，规模远远超过地球陆地上的任何山脉。

到时候，岩石密度较大的海洋板块会俯冲到大陆板块下面。
海洋板块
大陆板块
原来海沟是海洋和陆地“打架”碰撞造成的啊。
没错。
可是，万一海底都被挤进海沟里怎么办呀？

哈哈，有科学家提出了“海底扩张说”，正好能解答你这个问题。他们认为在热对流的作用下，地幔中炽热的岩浆不断从大洋中脊的分裂处喷出，形成新的海洋地壳，也就是新的海底。
新的海洋地壳

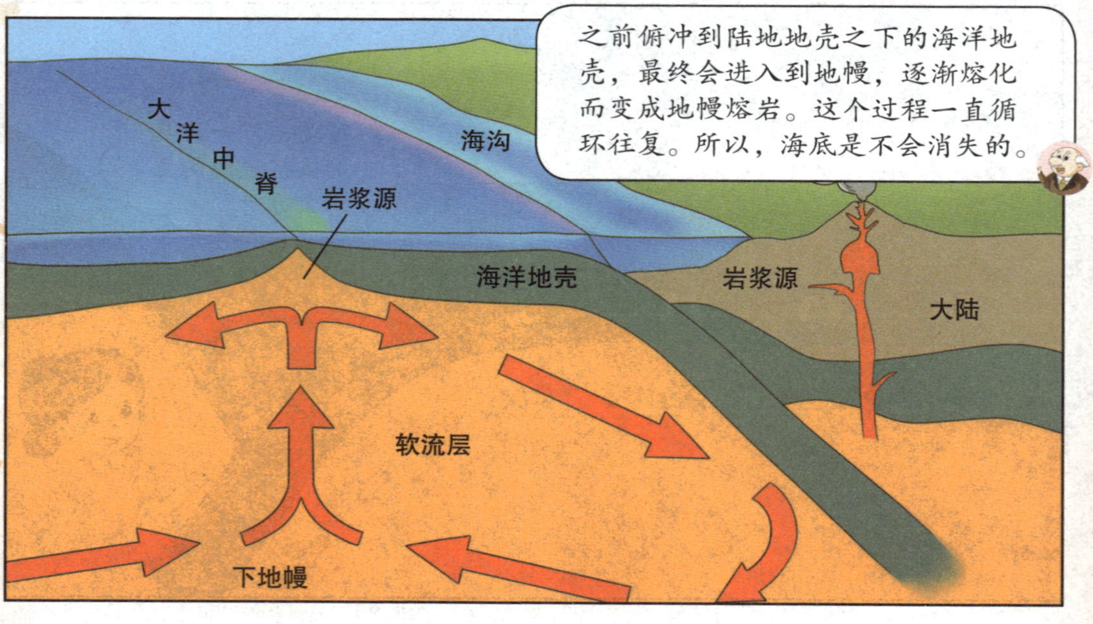
之前俯冲到陆地地壳之下的海洋地壳，最终会进入到地幔，逐渐熔化而变成地幔熔岩。这个过程一直循环往复。所以，海底是不会消失的。
大洋中脊
海沟
岩浆源
海洋地壳
岩浆源
大陆
软流层
下地幔

博士，咱们离开这儿吧！我有点怕冷——
呃，你害怕的事情可真多！
告诉大家一个不好的消息：这里海水压力太大，飞船上升动力不足了。
啊？？？
好消息是，我能搞定！
咚咚咚——
你就不能一口气把话说完吗？
开个玩笑嘛！

神秘的海底火山

终于出来了！
这是什么？好高啊！
这是海底的火山。
这不就是我的梦想之地嘛！我们快去山顶看看！
嗯……资料上说，这座山有3000多米高。
好，出发！

你们还不知道吧，海底火山的山顶通常都是平的。
不会吧？
他肯定又在忽悠人！
而且，这么大的山还可能会滑进海沟里。
救命啊！
博士，这是真的吗？
没错。雷顿，你看看，现在卡罗都不敢相信你了！

一起搬家的“好朋友”

给你们看看这个。夏威夷群岛东南端的夏威夷本岛就是一座活火山。
从这里向西北方向走，会看到一座稍稍下沉的火山岛。
再向西北走，能看到一座珊瑚礁岛。

继续前进，会看到一座堡礁，前面是环礁。

如果潜到水下再向西北前进，会看到海底火山。

海底火山平头的原因

最初这些火山都露在海面上。
经受风吹、日晒，受波浪和风的侵蚀。
啊，我的头被吹走了！
就像这样……
山顶露出海面。
被风浪蚀平。
沉到海底。

可是，火山顶比海面低很多啊，有的距离海面甚至有上千米了。
海底火山的平顶和海面原来是很接近的，只不过后来受到外力因素，比如海底地壳移动、海面增高等影响，山顶才逐渐没入水下。

人们是怎么发现这些的？
科学家在海底火山顶上发现了一些只有在浅海中才能生长的贝壳残骸。
所以，就猜测火山是后来突然下沉的。
发生了什么事？一下子下降了 3000 多米。
哎呀，吓我一跳！

海底地震的“元凶”

海底既然有火山，那有没有地震呢？
当然有了。
海底地震也是由海洋地壳活动引起的？
没错。海底地震和大洋中脊的形成有关。

和刚刚说的海底火山有关吗？
有，但是关系最密切的是海沟。

你们看后面的图就明白了。

海底地震带主要分布在大陆边缘和大洋中脊附近。太平洋四周有很多很深的海沟，这里也是世界上地震最多的地带。

那大洋中脊能引起哪些地震呢？
大洋中脊引起的地震只占15%左右，但是大洋中脊却是火山频繁活动的区域。
东太平洋海底火山

引起地震的原因有很多。一种是火山爆发引起的，一种是地下空洞坍塌引起的，还有的是构造地震。
最常见的地震是地壳运动引起的，就是构造地震。
地幔缓慢地流动，带动地壳运动。

地壳在运动过程中，受力特别大或者被撞击时，地壳薄弱部位会发生断裂。
地壳岩石层沿着断裂处产生移动或者错位。
这样会引起强烈震动，形成地震，并引发海啸。

地震和海啸的暗黑勾结

听说智利大地震引发的海啸几乎波及了整个太平洋沿岸，造成了很大灾害。
对啊，智利大地震后，光余震还持续了一个多月。
太平洋
智利大地震引起的海啸，最远到达了北极圈，日本诸岛也受到了波及，本州岛海边的巨浪达到了八九米。
那海啸是怎么形成的？
一起看看后面的图你们就明白了。

当海底地震发生时，地震波引起海水波动。
洪流方向
上升
地震中
海水受冲击后，向四周海域扩展。
传播震波
当遇到陆地和岛屿时，产生巨浪，造成海啸灾难。
波浪迭起
海啸发生

看来，海洋可不是"乖宝宝"，发起脾气来太吓人了。这可不好偷啊！
你还真是"偷"心不已啊！
糟糕，说漏嘴了！
看来他还是没有真正了解海洋呢。
谁说的？我都记了这么多的笔记了！

海底的盆地

这里的海底相对平坦多了！
这里是海底的洋盆。你们看，这里底部低平，周围是相对高一些的海底山脉。
和陆地上的盆地有点儿像！
我刚想说，你就抢答了，真气人！
我就说艾米比较厉害，还不服气！

洋盆在海底面积广大，约占海洋总面积70%以上。
博士，海底还有什么好玩儿的地形吗？
目前已知的，主要就是这些了。卡罗，咱们先返航吧！
回家喽！
还好这次飞船没出现什么状况，害我担心了一路。
我都说了，我的飞船早就修好了……

深海之下的无限可能

博士的新造型

这是什么奇怪的衣服？
潜水服啊，这你都不知道？
博士，您是要去潜水吗？带上我！带上我！
潜水可不是闹着玩儿的。要去可以，但一定要听我的安排，不能乱来。
雷顿，我觉得博士这话就是说给你听的！
不是吧？

出发，潜水去喽

卡罗，一会儿让飞船降落在海面上，我们从这里出发。你们准备好了吗？
听博士说完，我还有点害怕……
别担心，艾米，我保护你！
我先来，一想到马上就能在水里自由地游来游去，我就兴奋地想高歌一曲！

可是在水里不能说话，我们怎么沟通呢？
比手势呗。
这是水下对讲机，贴在耳边，说话和接听都可以。
咦，雷顿呢？
他刚刚自己跳下去了！
这孩子，真不让人省心。
哎呀，博士真啰嗦，我先下去游一圈热个身。

海中自有宝藏屋

宝藏？都有什么宝贝？
海水可是名副其实的液体矿产，里面含有80多种元素，主要有碳、氢、氧、氮，还有钠、镁、氯、硼、氟、硅、硫、钾、钙、溴、锶等。

您说慢点，我记录下来。
呼……边潜水边说话还挺吃力……
据说海水中还含有黄金呢！
真的？

拿不走的海底矿产

有海洋学家分析，每千克海水中所含的黄金量是微不足道的。
我会努力的！
那该怎样提炼呢？
目前科学家们还在研究，也许卡罗能想出好办法。
这家伙，又开始了……

除了黄金和白银，海底还蕴藏着极其丰富的矿藏资源，其中锰结核的总量约有 3 万亿吨。
这样打捞锰结核还挺好玩的！
不过，现在只能在浅海开采，由于技术原因，深海开采暂时无法实现。
这要是把海偷回去了，一定能提炼出数不清的黄金。到时候就发财啦！

你肯定在想怎么把这么珍贵的海水偷回去吧？
胡说，你又不是我肚里的蛔虫！

咱们已经到达自由潜水的深度极限了。现在，慢慢上浮，往回游吧。

又一次秘密对话

报告，我是卡罗。
我们不能偷走海洋，它对地球太重要了。
卡罗在和谁通话？
既然海洋对地球这么重要，那你带点样品回来就行了。
样……样品，带……带多少？

卡罗，我抓到你了！
啊！！！
哎哟！
嘟嘟嘟——
雷顿……你吓我一跳。
你还要偷海吗？
不会了，不过我得带点海洋的样品回去！

卡罗怎么了？
啊……没事，不小心摔倒了。
那我们继续说说海洋吧。
海洋是个很神秘的地方。几千年来，人类对海洋的探索与开发一直没有停止过。

最早的海底探险

我以后也要去海洋探险！
佩服你的勇气！
我只对海底的宝藏感兴趣！

传说，亚历山大大帝曾把自己关入一个箱子里，连上通气管沉入海底，在里面生活了 100 多天。

真的？
当然是假的。在海底生活100多天，要解决吃喝拉撒睡，还要提供氧气，这些都是问题。
15世纪到17世纪，欧洲探险家们在世界各地的探险，都仅限于海上和他们未曾到过的陆地。

古人屡试屡败的潜水试验

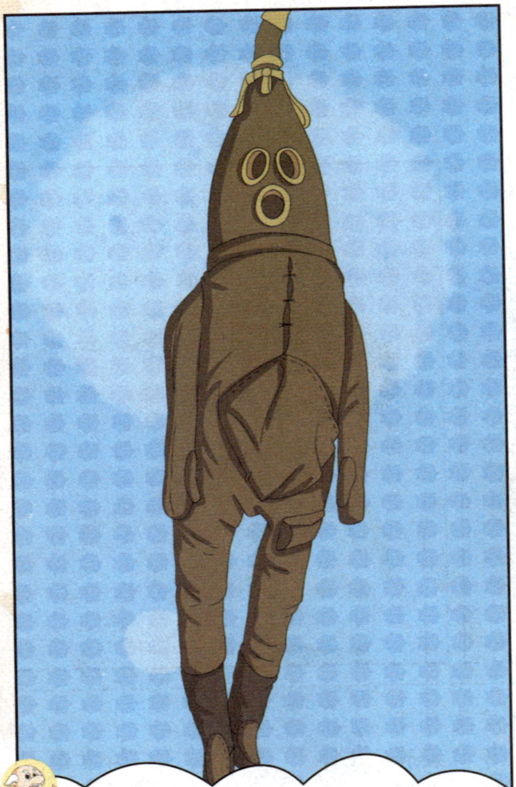

“老绅士”潜水服是现存最古老的潜水服，由一位芬兰船东捐赠给芬兰的拉赫博物馆。这件潜水服主要由牛皮制成，接缝处用蜡线缝合，同时用羊脂、焦油和沥青的混合物进行密封。头部内部有木质框架加固，顶部制作出开口用于连接木质的通气管。不过这种潜水服并不能完全防水，也不能承受高压，因此穿着它只能在水下待很短时间。

古希腊最早的呼吸管是用芦苇制成的。潜水者将芦苇管的一端衔在嘴里，另一端露出水面。这样就可以在水下自由地呼吸，大大延长了潜水时间。

用呼吸管潜水，中国古代也早已采用。明代宋应星《天工开物》记载，我国广东的采珠人就用呼吸管潜水。

1624年，荷兰人冯·德雷贝尔设计并制造了一艘木质潜艇，两边还有手划桨。据说这艘潜艇还在泰晤士河上进行过试航，当时的英国国王詹姆斯一世曾亲自到现场观看。
1691年，哈雷发明了世界上第一个吊钟式潜水器和潜水头盔。

1776年，美国布休内尔发明了手摇式潜水艇，并带它在美国独立战争中参战。
同时期，法国科学家设计出一个可以让人自由活动，并能实现“再呼吸”的装置，有两根管子，一根管子将空气由海面上送入潜水具内，呼出的气体由另一根管子送到海面上。
像是水下小黄人！
19世纪30年代，美国生物学家查尔斯·威廉·毕比乘坐自己发明的潜水球，到了近1000米深的海底。

世界上第一个真正的潜水器

大约1930年，美国生物学家毕比和工程师巴顿共同设计制造了一个球形潜水器，取名为“进步世纪”号。

它的主体是铸钢的大圆球，直径为1.45米，球壁厚32毫米，三个观察窗上装着76毫米厚的石英玻璃。

“进步世纪”号被誉为“世界上第一个真正的潜水器”。潜水器上有水下探照灯、水下摄影机、氧气瓶和二氧化碳吸收器等许多仪器仪表。

1930年6月6日，“进步世纪”号到达434米深度。

1932年9月22日，“进步世纪”号到达677米深度。

1934年8月15日，“进步世纪”号潜到将近923米的深度，这个纪录一直保持了15年，直到1949年被巴顿自己打破。

这些是毕比当时在海底观察到的部分鱼类。

现代海洋探索的成就

科技的不断进步，促进了深海探测技术飞速发展。

1960 年，“的里雅斯特号”深潜到 10916 米的马里亚纳海沟，停留了 20 分钟。
现在应该能潜到更深的地方了吧？

你忘了，马里亚纳海沟已经是地球最深的地方了！
在“的里雅斯特号”深潜成功后一年多，法国的“阿基米德号”深潜器也到了相同的深度。

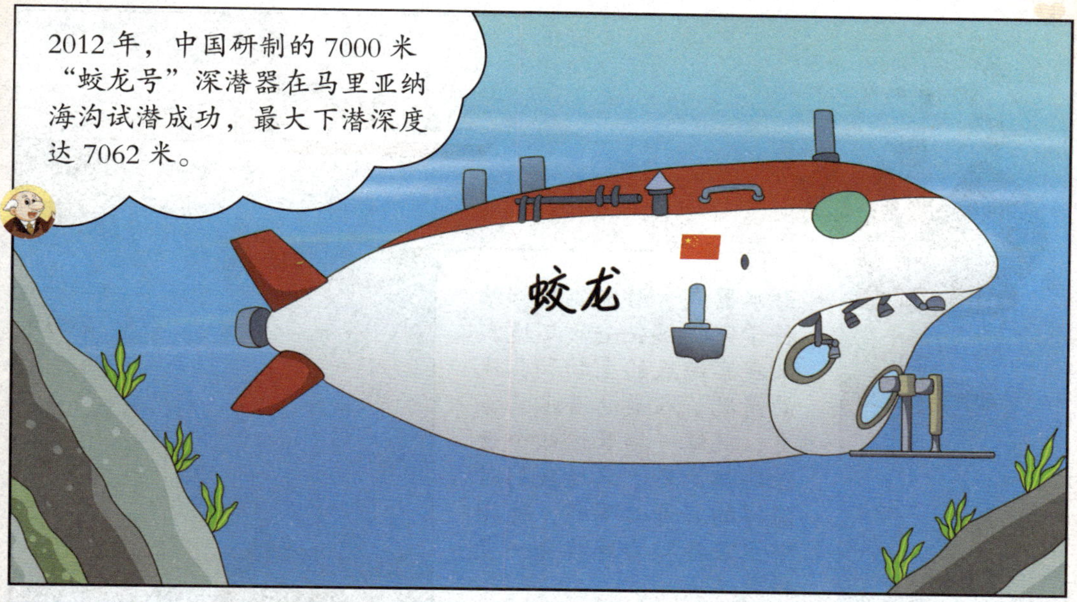
2012 年，中国研制的 7000 米“蛟龙号”深潜器在马里亚纳海沟试潜成功，最大下潜深度达 7062 米。
蛟龙

奋斗者
2020 年，中国研发的万米载人潜水器“奋斗者”号，成功下潜到马里亚纳海沟 10909 米处。

潜水器或者潜水艇能够给科学家提供安全的环境，来观察海底的生物和其他的情况。人类的潜水装备史，就像一场长达四个世纪的接力赛。只要我们对海洋的好奇心不断，这场潜水装备接力赛就会一直持续下去。
200米
4600米
7062米
10916米

海洋
影像馆

“的里雅斯特号”探险船

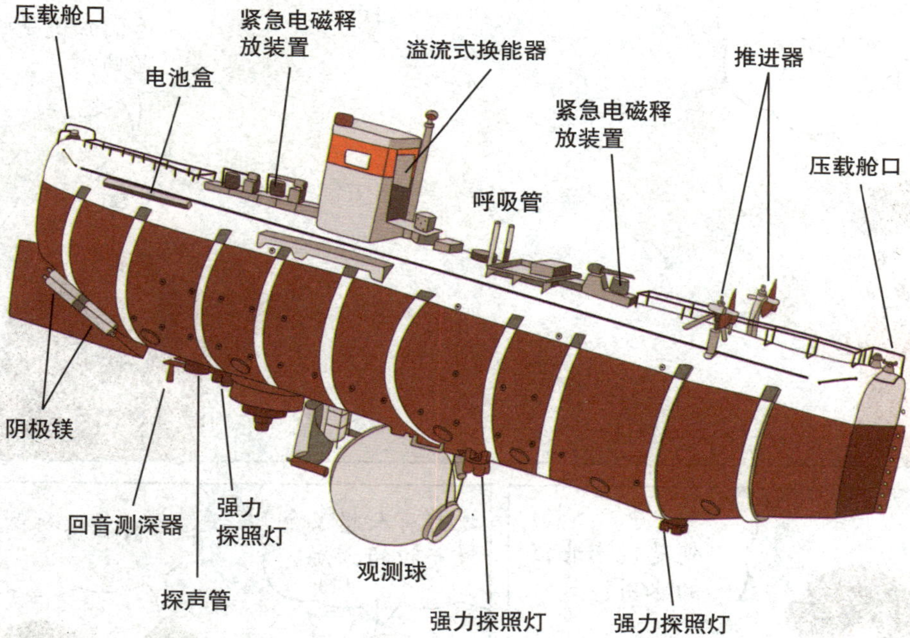

地球上的淡水宝库

唉，地球上的海水这么多，可是淡水实在太少了！
地球上有个超大的淡水库，你们知道是哪里吗？
您是说南北极的冰川？
之前有人想了个很大胆的方法。
什么方法？

用船把南极的冰山拖过来建成水坝。
我的天！

当然，确实有人用船把南极的冰山拖到缺乏淡水的地方使用。

冰山水也是水啊

没错，冰化了就是淡水，这是个不错的办法！
啊，我终于有主意了！
卡罗干吗去了？
这孩子，怎么一天到晚咋咋呼呼的。
你俩刚刚不就在嘀嘀咕咕吗？
外星人的世界，我也不懂啊！

对了，博士，冰山利用起来麻烦吗？
冰山是脱离了冰川的巨大冰块。它远看美如画，走近却是航船的克星。遇上它往往意味着灾难。
看来，光是安全地采集到冰山也不是件容易的事情。
不过，冰川水约占地球淡水蕴藏量的68.7%，是值得开发的健康生命水。
卡罗的太空船坚固着呢！咱们一会儿也去拖一块冰山去！

冰山为什么不咸

居然有不咸的海水！
博士，为什么冰山明明也在海里，它却不是咸的呢？

冰山来自冰川，冰川是由积雪变来的，所以冰山上的冰不是咸的。
你太重了，赶快下去！
啊，我怕水！

南极大陆上的积雪厚达几千米，下面的冰雪因受到高压而融化，冰雪向下滑动，这就是冰川会移动的原因。
乖乖，又裂开了一块。

冰川逐渐滑向海里，断裂后形成冰山，大冰山也会不断碎裂变成小冰山，最后融化在海洋里。
有完没完了？我都要被逼进海里了！

北极没有陆地，冰山主要来源于格陵兰岛上的冰川。
我最不愿意走北极航线了，处处有危险啊！

北极的冰山可以漂到很远的地方。1912年的豪华游轮“泰坦尼克号”就是撞到北冰洋漂来的冰山沉没的。

在北冰洋海面上有些小冰块，这是由海水结成的冰，小冰块又会逐渐结成大冰块。
这种冰是有一定盐度的。
虽然海水在结冰的时候会排出盐分，但在结成的冰中多少还是会残留下一些盐分，这种冰就是咸的。
噗！太咸了！

地球的大棉袄

卡罗怎么还没回来？
海洋是人类的希望。
地球一旦失去海洋，空气就会变得非常干燥。
昼夜温差也会变得巨大，生物和人类都会无法生存。
这又是为什么呢？
蒸发一升海水需要 2260 千焦的热量。所以，海水蒸发可以有效减少太阳的热辐射，让地球不会太热。
散热
水蒸气

水从液态蒸发为水蒸气时，体积变为原来的1600倍。
上升到大气层中的水蒸气又会在空中散热，可以保护地球热量不会过分散失。
嘿嘿，大棉袄真暖和。
海洋是地球上生命的源泉。
我们要好好保护它！
卡罗跑到哪儿去了？不会出什么事吧？

卡罗的新主意

卡罗，你躺在飞船下面干什么？
我来调整飞船的输出功率，让它达到最大值。
我可真聪明啊，居然能想到这么一举两得的办法。啦啦啦——
也不知道卡罗这小子事情办得怎么样了。

都说了只是带点回去当样品研究。你俩别光站着啊，帮我点儿忙好吗？
卡罗，你不讲信用！不是说过了你不会偷海了？

哪有偷拿东西还向主人家请求帮忙的？
那有什么关系？咱都这么熟了！
海洋实在是太珍贵了，我只带回去一点儿就行了。
艾米，我们要不就帮帮他吧。
希望他说到做到！

南极走一圈

我们去博士说的南极。
当当——请穿上这些厚衣服！
让我们穿防寒服干什么？
哈哈，我有点猜到卡罗的想法了。
出发！

抱歉，忘记提醒你们系好安全带了！
我的头好晕……
卡罗……你今天怎么这么着急啊。
我，我，我先趴一会儿。
卡罗，你爬冰山上干什么？危险，快回来！
嘿哟……我就从这儿带块冰走吧，好回去交差。

可这是冰山啊，博士说这是冰川冰，不是海水结成的冰。
啊，你要造假啊！
我搜集了一些盐，撒在上面就OK啦。
再见，朋友们！
再见了，卡罗！
咻——

飞离地球

轰隆——
轰隆——
朋友们，我是被派来地球偷海洋的。但是地球离不开海洋，海洋对地球太重要了，请你们好好爱护海洋，好好开发海洋资源，希望下次再见面的时候，能到雷顿在海底的新家参观。
啊，终于飞起来了。

您说得对……
等等，卡罗飞走了，我们要怎么回去啊！卡——罗——
卡罗说得对，我们人类必须好好保护海洋，这也是在保护我们人类自己啊。
卡罗，回来！